从自贩机到乐高：

隐蔽而伟大的设计力

石 佳 主编

可供性：
隐藏在设计背后的力量

电子工业出版社·
Publishing House of Electronics Industry
北京·BEIJING

图书在版编目（CIP）数据

从自贩机到乐高：隐蔽而伟大的设计力.可供性：
隐藏在设计背后的力量 / 石佳主编. -- 北京：电子工
业出版社，2021.4
ISBN 978-7-121-40212-8

Ⅰ.①从… Ⅱ.①石… Ⅲ.①工业设计 – 普及读物
Ⅳ.①TB47-49

中国版本图书馆CIP数据核字（2021）第014438号

责任编辑：胡　南
印　　刷：河北迅捷佳彩印刷有限公司
装　　订：河北迅捷佳彩印刷有限公司
出版发行：电子工业出版社
　　　　　北京市海淀区万寿路173信箱　邮编 100036
开　　本：720×1000　1/32　印张：9.75　字数：180千字
版　　次：2021年4月第1版
印　　次：2021年4月第1次印刷
定　　价：98.00元（全五册）

凡所购买电子工业出版社图书有缺损问题，请向购买书店
调换。若书店售缺，请与本社发行部联系，联系及邮购电话：
（010）88254888，88258888。

质量投诉请发邮件至zlts@phei.com.cn，盗版侵权举报请发邮件至
dbqq@phei.com.cn。

本书咨询联系方式：（010）88254210，influence@phei.com.cn，
微信号：yingxianglibook。

可供性：隐藏在设计
背后的力量

你是不是经常在商场里头晕转向，不辨方向？你是不是常常在手机里找某个功能，却死活找不到？你是不是整天都在背单词，但地道的英语还是没学会？

所有这些，都不要怪自己笨。要怪，就怪设计师。因为他们在设计产品的时候没有提供足够方便好用的"可供性"（affordance），才导致你要不断地折腾。

可供性反映的是人和物互动的可能性。它像一种隐藏在设计背后的力量，推动人与物发生互动。我们周围越是平常的东西，其可供性往往越好，筷子就是一个可供性极佳的例子：筷子提供了勺子、叉子、夹子甚至刀子的功能和隐喻属性。

通过可供性的视角，我们还会发现计算机和互联网的巨大潜力——多线程叙事的可能性。其实，真正的计算机革命尚未开始。无论游戏、VR 还是 AR，我们都只是站在新世界的入口边缘。

可供性将为我们打开一个全新世界。这本小册子将通过深入浅出的文章，帮助你理解可供性和设计，掌握其带来的强大力量。你，准备好了吗？

看不见的设计和看得见的真实世界

作者 | 叶富华

最重要的技术，就是那些看不见的技术。

燃烧的火柴

"你确定要放弃这根火柴吗？"

"是。"

"那我就烧掉它咯。"

"嗯……稍等，让我再想想。"

"好。"

"我觉得'友谊'还是蛮重要的，还是该保留下来。"

"好的。那下一根火柴呢？下一根是'金钱'，要保留吗？"

　　"这个……感觉同样重要啊……"

　　"但你必须得做出选择，很多时候你就是要下决心做出割舍。"

　　"这样的选择好困难啊。"

　　"有时候放弃一些东西，是为了让你的行囊有空间装得下更有价值的东西。"

　　"好，那我就先放弃它吧。"

　　"那我烧掉它咯？"

　　"嗯。"

　　就这样，"金钱"被烧掉了。

　　我在玩一个游戏，叫"意象火柴"。这个游戏很简单，它由十五根火柴组成，每一根火柴都标有不同的词汇，代表一种不同的价值观，十五根火柴就代表了人生当中的十五种价值观。游戏的规则非常简单，你会一次拿到所有的火柴，然后主持人会先让你把那些你觉得跟你的价值观不合的火柴扔掉，接着会让你按照火柴在你心目中的重要程度，在桌面上摆出一个类似金字塔的层级结构，最顶层的表示重要程度最高，越往下重要程度越低。

　　我很快就摆出了一个等腰三角形的结构。这时候主持人跟我说："现在游戏才正式开始，在这个游戏里，火柴在你摆出来的金字塔结构当中所处的位置，决定了它对于你而言的重要程度。越是往上，重要程度越高；另外同一行的火柴，左手边的比右手边的重要程度更高。我现在从右下角开始，每次取出一根火柴，然后烧掉它。每次烧掉它之前，我都会征求你的意见。可以吗？"

于是就有了文章开头的那个场景。

火柴的燃烧本身，给人的刺激很大。虽然主持人在现场没有真的烧掉火柴，而只是模拟了烧的动作以及声音，但每次燃烧的过程，都让我心惊胆战。我会想，自己为什么会执着于某些价值观，它们是不是真的那么重要？火柴燃烧本身，激起了我对这些东西的反思。当我开口把内心所想跟主持人分享之后，其实这样一个过程也帮助我重新去审视我的价值观。而且当你想到某个你本来认为很重要的价值马上要被烧掉的时候，你确实会对其重新考虑。

"意象火柴"是中山大学心理学的程乐华老师和他的学生共同开发的一套工具。而之所以选择使用火柴这一载体，是因为火柴本身可以承托很多东西，比如，它可以被点燃，可以作为组成金字塔的结构，还可以作为诱发对话的媒介。假如用心理学家詹姆斯·吉布森（James J. Gibson）的话来讲，这火柴就有它独特的"可供性"

（affordance），因为火柴的设计提供了多种人和物互动的可能性。[①]

无独有偶，在大洋彼岸的美国，也有人想到了用火柴来做实验。这一次，他们真的要烧掉火柴了。

麻省理工学院的纪佩妤及其团队数年前做了一个叫"烧掉记忆"（Burn Your Memory Away）的项目[②]，也是用火柴作为主要的媒介。他们的想法是，现在智能手机越来越普及，人们都习惯用智能手机来拍摄照片或视频，而且由于储存设备的成本也变得越来越低，网络储存几乎等同于免费，人们就觉得不论是什么事情都要拍下来。然而往往拍完后马上就忘记了，也不知道那些照片和视频最后都放到了哪里。说白了，就是心不在焉地拿出手机，拍拍拍。

但研究表明，人做事的时候越是心不在焉，越是会远离快乐。在数码相机还没有那么流行的年代，人们都是用胶片相机来拍摄。由于胶片本身比较贵，所以人们

---

①   James Gibson, "The Ecological Approach to Visual Perception." *Psychology Press*. 2014.

②   Pei Yu Chi, et al. "Burn Your Memory Away: one-time use video capture and storage device to encourage memory appreciation." *CHI EA '09: CHI' 09 Extended Abstracrs on Human Factors in Computing Systems.* April 2009, pp. 2397-2406.

不是看到什么就马上拍，通常都会认真考量，选好场景和人物，再按下快门。拍完了拿到照相馆去冲洗，还要用相簿分门别类地把照片装起来，以备将来欣赏。整个过程的每一步都是经过思考的，哪怕是多年后重新回味，依然能感受到最初拍照片时的乐趣。

纪佩妤和她的朋友就想，我们可不可以做一个概念产品，让拍摄这个动作变得更慢一些，从而让人们有多一些时间去思考拍摄这个事情本身？

她们也想到了火柴。安徒生童话里那个卖火柴的小女孩的故事给了她们很大的灵感。小女孩在观看火柴燃烧的过程里能展开想象进入沉思，跟人们随便打开手机拍下有趣的东西，完全是两种心态。于是纪佩妤团队做了 PY-ROM 的产品雏形，是一个外观上跟火柴类似的一次性照相机。火柴的两头均可被点燃，一头藏有微型摄

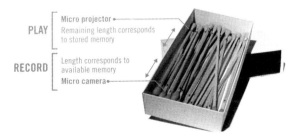

• "烧掉记忆" 项目中火柴似的一次性照相机。

像头，在燃烧的时候可以拍摄；另外一头藏有微型屏幕，在燃烧的时候可以打开，把之前拍摄的照片或视频播放出来。

火柴相机之所以有趣，是因为它本身就包含了"稀缺"的思想，它让我们去反思什么东西是真正有价值的，以及我们可以怎样去保存那种记忆。

同样地，火柴相机也是利用了火柴的可供性，尤其是火柴燃烧所带给人的想象。

一块砖头的可供性

给你一块普通的砖头，你能拿它来做什么？

也许你会说，拿来造房子。但是现在只有一块砖头，不是一堆砖头。也许你会把它打碎，然后可以拿小块的砖头在地面上画画。也许你在野外，可以拿砖头烧火做饭。假如这砖头有很多小缝隙，你可以把一些小东西藏在缝隙里。你甚至可以考虑在砖头里打个洞，把诸如手帕、小刀之类的东西藏在里边。对了，砖头还可用作自卫的工具，又或者是在危难的时候，用它打碎窗户逃离事故现场。当然，我们也可以把砖头当榔头用，拿来敲钉子，或者是在拍照片的时候拿来垫高自己。嗯，其实也可以放在书架上，让你的书保持整齐。有时候我们也会拿砖头放在门边上，让门开着，或者是放在汽车轮胎前边，让停在斜坡上的汽车更稳当些。而假如你会武术，你还可以拿砖头来表演功夫。哦，对了，假如你喜欢玩首饰，为什么不考虑把砖头做成项链呢？

一块砖头可以拿来做什么，取决于它所处的环境，以及我们头脑里的想象。

大多数时候我们想到砖头，马上就想到修房子。人们下意识地认为，砖头只能拿来修房子——它就是应当（should）这么用的。一旦把问题转换一下，我们问，砖头可以（could）拿来做什么？这时候，答案就会五花八门了。

同一块砖头，因为环境和人们想法的不同，就会拥有不一样的可供性。

以上这个关于砖头的想象，出自弗拉德·彼得·格拉韦亚努（Vlad Petre Glaveanu）编写的《创造力——一个新的词汇》（Creativity—A New Vocabulary）。格拉韦亚努画了一张图，来描述事物的潜在用途：

Normativity（规范）说的是我们该（should）做什么事，Intentionality（意向）说的是我们想（would）做什么事，而 Materiality（材料）说的是我们可以（could）做什么事。假如我们想寻找创意，最好就是找这三者的

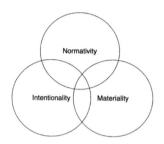

● 在事物的潜在用途中寻找创意。

交叉点。

　　从材料出发，探讨物品带给人什么样的可能性，最早做这方面的理论探索的，应该就是詹姆斯·吉布森了。他在 1978 年出版的《生态学视角的视知觉论》（*The Ecological Approach to Visual Design*）一书里对可供性有如下介绍：

　　　　环境的可供性是它给动物带来的行为的可能、它所提供的便利，不论这对动物是好是坏。在英文字典里，有"提供"（afford）这个词，但没有"可供性"（affordance）这个词。"可供性"是我生造出来的概念。我创造这个词是想描述一种状态，它必须是兼有环境和动物两个元素的，目前没有其他任何词汇可以描述这一点。"可供性"暗含着动物和环境的互补关系。即使是对于同一物种的动物，环境所带来的可供性也是会因不同的动物本身而略有不同，这对于每一位动物而言都是独特的。可供性不是某种抽象的物理属性。我们不能像物理学那样测量可供性。可供性既不是一种客观的物理属性，也不是主观的产物，甚至也不是主客观的结合体。可供性必须是相对于观察者本身而言才有意义的一种属性。

前面提到的中大心理学讲师程乐华在他的《心理套娃》一书里说，可供性是物品带给人的互动的可能性。物品的可供性需要被感知到，人才会与物品发生互动。很多时候我们看到一个东西，首先看到的是我们与那个东西发生互动的可能性，而不是关注那个东西的形状、颜色或质地。比如，我们看到椅子就想到坐下来，看到笔就会拿起来写字，看到墙上有一条线就下意识地去拉它。

• 日本设计师深泽直人就有一个作品是挂在墙上的 CD 播放机，提供了可以直接下拉绳索来播放 CD 的可供性。

会唱歌的瓶子

石井裕是麻省理工学院媒体实验室（MIT Media Lab）可触摸媒体小组（Tangible Media）的领导。他早年曾做过一个项目，叫"音乐瓶"（musicBottles）。

走近音乐瓶，你会看到它们外表跟普通玻璃牛奶瓶没有两样。每个瓶子都有一个瓶塞，把瓶塞拔出来，就能听到音乐流入你的耳朵。总共有三个音乐瓶放置在一张定制的玻璃桌上，你可以自由组合，调出最适合你口味的音乐。

(a) Jazz trio bottles:
Piano, base, and drums

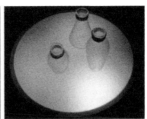

(b) Classic trio bottles:
cello, violin, and piano

(c) Techno trio bottles

(d) Old classic trio bottles
(1st generation)

- 石井裕的"音乐瓶"。

　　石井裕和他的同事有一次在奥地利展出这一作品，很多人认真地拿起瓶子，放在耳边，以为声音是从瓶子里出来的。其实，玻璃桌里藏着两枚小音响，声音是从那里出来的，而瓶塞只是起着类似开关的作用。

　　但我们就是会对这样的体验更感兴趣。毕竟人类已经花了千万年去熟悉这样的环境，但方方正正的电脑所代表的环境，我们还未曾真正适应。石井裕的音乐瓶之魅力就在于，他把欣赏音乐变成一种互动的行为，这样的互动得以发生，得益于传感器技术和微控制技术的发展让本来冷冰冰的计算机变成了还会唱歌的温暖瓶子。诚如普适计算（Ubiquitous Computing）的先驱马克·维瑟（Mark Weiser）所说，"最重要的技术，就是那些看不见的技术。"音乐瓶正是利用了玻璃瓶的可供性，再赋予它计算能力，继而创造出了一种全新的互动体验。

看似平凡的火柴、砖头和玻璃瓶，假若放在合适的环境里，面对合适的人，就具有了不一样的可供性。假如你是设计师，你该考虑的问题是，我可以给物品设计出怎样的可供性，从而给使用者创造出独特的互动体验？

不要想改变人，改变环境吧

可供性理论不只对设计物品有用，还可以指导我们去设计环境，准确地说是设计人在环境中的互动体验。

程乐华老师有一位学生叫吴翔，他是陈李济中药博物馆馆长。他经常思考的一个问题是，怎样才能使参观博物馆的游客有更好的体验？

通常人们去博物馆就是看看展品，拍拍照片，然后就拍屁股走人了。但吴翔想通过一些设计，让参观博物馆的体验变得更加立体。

　　他专门设计了一条香囊路线，引导家长带着孩子在观展时去闻不同的中药材，接着他们还能自己把药材装进香囊带回家。这就使参观变成了一个互动的过程，家长和孩子有互动，孩子和药材有互动。当然，所有人都在与整个博物馆的环境发生互动，而这一切得益于吴翔刻意设计的参观路线。这里边就用到了程乐华所讲的单一通道事件理论。也就是说，路线一旦规划好，你就只能这么走，而且你还会很欣赏整个过程。

　　事实上，同样的思路也出现在行为经济学的领域。在理查德·泰勒（Richard Thaler）与卡斯·桑斯坦（Cass Sunstein）合著的《助推》（*Nudge*）一书里，他们就指出，我们很多时候可以通过设计，给人们助推一把，使他们不由自主地去做一些合乎自身利益的事情。比如，公司给雇员发放退休计划申请表的时候，可以让"参与"成为默认勾选，这个简单的设置，就可以帮助参与退休计划的人数比例大大提升。

　　再举一个例子。根据亚利克斯·彭特兰（Alex Pentland）及其团队的研究，高效团队往往是那些内外部交流都比较频繁的团队。所以假如你是老板，你希望员工之间有更多的交流，你会怎么做？

　　也许你完全没有想到，公司里打印机、饮水机或茶水间的位置，很大程度上增强或限制了公司员工的彼此交流。

心理学家安妮-洛尔·法亚尔（Anne-Laure Fayard）花了十多年时间研究这一问题。[①] 她在多家大公司里收集员工在公司里走动的足迹，然后与公司的平面图相对照，发现一个有趣的规律：很多交流其实发生在打印机旁边。

也许你也猜出为什么了。打印机是一种比较容易发生故障的技术，而一旦发生故障，懂得修的往往只有一小部分人。于是人们在等待打印或者等待别人来修打印机的时候，就不知不觉和其他在排队的人开始搭讪。员工通常会频繁使用打印机，于是打印机也自然而然地成为公司里的一个小小的情报中心。

也就是说，打印机除了帮人们打印东西之外，还提供了一个合理化的场景，使交流得以自然发生，而不需经过批准。这就是公司的这种特殊场景使打印机有了新的可供性。

人们因为打印的需求在打印机前碰面，自然地开始交流。假如你是公司老板，可以从这一案例获得一些启发，

① Anne-Laure Fayard, John Weeks, "Who Moved My Cube?" *Harard Business Review*. July-August 2011 Issue.

在公司设置更多让人们相聚的物理场景，这样的可供性越大，人们自觉不自觉地相聚的概率也会越大。

通用设计

可供性是人和物之间的一种关系，对同一件物品，不同人与它之间的可供性也不一样。比如对于身体有障碍的人来讲，很多物品的可供性会变得没有意义，因为他们根本无法使用。

楼梯对于大多数人而言的可供性是能走路上下楼，但对于使用轮椅的朋友来讲，这个可供性就不存在了。轮椅使用者外出时往往会遇到各种麻烦，比如超市或办公楼没有无障碍设施，想坐出租车也比较困难，多数司机不愿意接载，他们的车里也没有相应的辅助设施。

事实上，在生活当中，我们每个人都有可能在某个方面面临障碍。比如，你到超市买了一大堆东西，双手把东西拎到车前，你是不是很想用一句语音口令打开后备厢？又或者，假如你有孩子，推着婴儿车带孩子出去玩，你是不是更希望一路都有方便婴儿车上下的设施，而不是每次遇到台阶都要心慌一把？

唐诺德·诺尔曼（Donald Norman）说过，假如你用一个东西觉得很不爽，请千万不要责怪自己，怪那个产品的设计师就好了。①事实上，假如设计师能够考虑到不同用户的差异化需求，他就更有可能在设计产品的时候全面考虑产品对于不同人群的可供性。

我认识一位叫 Julian 的朋友，他是一位视障人士，在一家叫"黑暗中对话"的机构当培训师，那家机构专门为企业提供团队领导力培训项目。Julian 平时走路需要依赖手杖（俗称盲公杖），手杖于他而言就像眼睛。但手杖毕竟不能代替眼睛，有很多东西还是需要用手去触摸，才能知道那是什么。某些物品，比如自动售货机，往往没有带盲文的触摸按键，假如 Julian 想自己去买一点小东西，就会变得比较困难。

我的另外一位朋友 Janice 是一位听障人士。从外表看上去，她跟普通人没有什么差别，只有当你张嘴和她说话的时候，才会意识到原来她只能用手语交流。对于大多数人来讲，语言是交流的手段。像 Janice 这样的听障人士，他们活在无声的世界里，缺乏足够的机会与外界沟通。

盲人在城市里走路却没有盲道，聋人在剧院看戏却没有字幕，轮椅使用者出行购物却没有无障碍设施——

---

① Don Norman, *Design of Everyday Things*. Basic Books. November 2013.

这些都不是盲人、聋人或者轮椅使用者的问题，而是环境的缺陷。纽约大学的霍利·科恩（Holly Cohen）就曾在 TED 大会上一针见血地指出，行动不便是由社会造成的，而不是因为身体状况（Disability is created by society, not by physiology）。

假如把可供性的理论应用到这样的设计场景，思路马上就开阔很多了。因为我们马上会发现，要设计的不只是城市里的马路路面、剧院舞台，或者超市入口，我们要设计的其实是人们走在马路上、在剧院看戏，以及进出超市的体验。

良好的交互是良好的体验不可或缺的一部分。而良好的交互应当是能够让所有人都用得上的交互。明白了这一点，我们就可以去想，什么人在何种场景下会用到这样的设施？他们都有哪些需要？

这样设计实践叫作"通用设计"（universal design）。这一领域近些年发展得极为迅速，也越来越受到重视。挪威甚至在 2010 年专门立法，规定新的建筑必须运用通用设计。

最后我们会发现，通用设计并不只是为一小部分有特殊需求的人士而做的设计，因为事实上所有人都会因为通用设计受惠。假如算一下投入产出比，其实还挺合算的。

现在越来越多的人把越来越多的时间花在网络虚拟空间，网络空间以及电子产品的通用设计也日益成为焦点。

谁能够在通用设计的比赛中赢得胜利，谁就更容易博得用户的好感。

以娱乐节目为例。从前大多数互联网上的电视节目都是没有字幕的，听障人士看这样的节目就会觉得索然无味。在笔者写这篇稿子的时候，美国视频网站 Hulu 宣布，他们会在 2017 年 9 月之前，为网站上所有英语和西班牙语节目添加字幕。这对听障人士而言，无疑是一件好事。

这也不只是给听障人士送福利，其实对视频网站自身而言，制作字幕也是有好处的。因为字幕也是一种数据（准确地说是元数据），而且随着自然语言处理技术的日渐成熟，利用文本素材可以做很多东西。而视频网站本身有了这些字幕之后，也能提高搜索准确率，甚至有助于用户进行深度搜索，比方说直接找到出现某段对白的画面，对于增强用户黏性有很大帮助。这就是视频字幕的可供性。

总结

马文·明斯基（Marvin Minsky）说过，不管是什么知识，假如只从一个角度去理解，得到的结果都是不完整不够深入的，只有通过多个角度多个层面，才有可能获得更深刻的认识。[①]

很多时候我们学新东西觉得很吃力，无法进入那个语境，往往是因为还没有找到合适的可供性，使新知识更容易融入现有的框架。就像西摩尔·帕普特（Seymour Papert）说的，假如你要学法语，最好的做法是到法国去。假如你要学数学呢？能不能直接去到某个数学王国？帕普特创造出了 LOGO 语言以及 Turtle 编程环境，就是给儿童提供了一个可以自由玩耍的环境，从而提供了新的可供性。儿童可以用 LOGO 创建各种事物，而不只是死记硬背。也有人提出，学外语最好的方法不是强调输入（也就是说，不需要花那么多时间去背单词），而是要把自己浸泡在那门外语的环境里，在与环境中的事物互动的过程当中，潜移默化地学会语言。所以，假如你要学英语而又不能去到英语环境，可以尝试把自己泡在一个

[①] 出自麻省理工学院媒体实验室 2014 年的一次研讨会，题为"向西摩尔·帕普特学习"（Learning from Seymour Papert）。

多用户互动的英文游戏里，一边玩游戏一边学英语！

　　当你越是能从多个角度看待一件事物，就越是能够发现它的多种可供性。要是你还能想象出不同时空组合下，这件事物其他的可能性，那就更是不得了。而一旦你开始从可供性的视角去观察身边事物，你就会发现，它们都是多么美妙的东西。

　　欢迎来到真实的世界。

叶富华　　　　自由译者，翻译过《安静的力量》《地球的法则》《数字乌托邦》等著作，是TEDtoChina.com联合创始人，目前致力于研究可供性理论，以及发掘其在创新方面的应用。

筷子里的设计理论

作者 | 路意

以筷子、手机和微信为例，试探可供性的工程化方法。

中国人吃饭，一双筷子就可以。它可以盛饭，可以夹菜，可以分餐，可以串串，也可以喝粥。筷子，从可供性上讲，比刀叉多出许多可能的功能，它提供了勺子、叉子、夹子甚至有时是刀子的功能。

可供性，就是物可以提供给人行为的可能性。它是生态心理学的奠基人詹姆斯·吉布森发展出来的一个概念。生态心理学主要研究环境与人之间的相互影响和作用，它认为人们的心理感受与其所经历的环境有很大的关系，每个人的感受实质上是不同的。而可供性则是让人们关注物的属性在某个环境或者情景下的可能用途，而非物的特定属性所限定的单一用途。

　　就拿筷子这个例子来看，由于它是两根细棍，就像人的两根手指的延长，因此平时它就可以代替手指，"抓取"常温食物，是一种餐具；而因为它可以承受高温高热，于是在油炸或者熬制汤品的时候，也可以用它来翻动食材，是一种烹饪工具；因为它坚硬而细长，在刚刚煮好的玉米出锅，很难用手拿着的时候，可以用一根筷子插在玉米棒里趁热食用，是一种临时辅助用具；甚至，筷子还可以用来开啤酒瓶盖，这是利用了它的坚硬和杠杆原理……

　　筷子，可以是木制的、竹制的、金属的、塑料的、象牙的……它的功用并非受限于它的原本材质，而取决于它的坚硬、细长和可单可双的性质，以及在不同环境和情景下可能提供的用途。

　　或许中国的古人早已精通可供性，不然不会发明筷子这样一种具有极佳可供性的日常物品。

　　实际来看，可供性的确也更符合东方的思维。在东方哲学中，世界是有着密切联系并相互影响的，尤其是在佛教的观点中，人的内心与外界也是无时无刻不在相互影响。而可供性能够在产品设计中被愈发重视起来，也是因为日本设计师们，尤其是深泽直人的重视和普及。深泽直人从 20 世纪 90 年代后期开始，非常重视对人的行为与习惯进行观察和研究，以设计出他称为"无意识设计"的产品，即让人们不假思索就能使用。他在自己所写的书中不止一次地提到可供性，可见它对其影响之深。

从某种意义上说，少即是多，这个大众耳熟能详的设计理念，其实更应该是可供性理论的应用。或者说，一个很好地应用了可供性理论的设计，才应该被称为"少即是多"。

筷子，是个典型的"少即是多"的设计。中餐只需要提供一双筷子，最多再加一个汤勺，而西餐则需要刀叉勺至少三样，可能讲究一些的还会配多把不同用途的刀子。就餐时，西餐餐桌上会摆满餐具……

智能手机，则是另一个很好的可供性设计。它已经不再是一个电话了，还是游戏机、音乐或电影播放器、随身听、遥控器、电子阅读器、钱包……原来需要很多设备才可以满足的功能，现在通过它一个就可以完成了。

当然，可供性这个理论实际上并没有为很多设计师所知晓和掌握，其原因大概是因为它很难像其他心理学理论，比如格式塔心理学那样有一些通用的原则性经验可以应用。可供性具有十分高的灵活度，它完全取决于设计师对环境、物和人三者的洞察和理解。每个设计师由于经历的丰富程度和内生性知识的覆盖广度，而会有不同的体会和感受。

比如钥匙，在很多人看来，它就是开门开锁使用的。而它实际上在某些情况下可以作为平口起子拧螺丝，也可以作为刀子拆开塑料袋包装；如果它的重量是标准的，还可以作为一种配重；它甚至还可以被用来识别人的性格和职业，因为拥有钥匙的多少和钥匙佩带的方式、磨损程度都可以被用来大致判断一个人的生活特征。而这些，对于筷子而言则会是全然不同的结果。

如果说设计是"part art, part science"，可供性，则是"part art"更多一些，尚缺少普及应用的工程化过程方法。这其中所存在的问题包括：如何分析环境、物、人三者的相互作用？是否存在一套可以广泛适用的分析方法？如何分析人的内在与外界之间的相互作用，并寻找出比较普适的规律？

虽然说可供性在应用上还缺乏切实可行的工程化方法，现在主要还是靠设计师的个人觉悟，但是我们也应当看到，可供性的确可以让人打开眼界，用更多可能的方式去看待事物，这是十分有利于创新的。在此，我想分享一下我个人对可供性在设计中应用原则的一些考察，也许可以有抛砖引玉之用。

让单一物品具有多种隐喻属性

可供性的主要内涵就是物可以给人提供行为的可能性。那么，一个"少即是多"的好设计，自然应该可以给人提供更多使用的可能。要确保这一点，那么就需要保障物具有较多的隐喻属性。

隐喻，是一个事物可以与另一个事物或者行为被联想起来。

以筷子为例，它虽然只是两根细棍，但是它所具有的隐喻属性相比刀叉多很多。比如，它一头细一头粗，这就是一个"针，钎子"的隐喻，可以用它来戳或者扎东西；它如果是方形的，那么它也很容易形成一个简易的力臂隐喻，开启酒瓶就比较容易；它也可以单根使用，就像有了两个工具。

而智能手机具有较多可供性的原因在于它附带了传感器、摄像头、麦克风、扬声器、GPS、三轴陀螺仪、加速度感应器……加上它通过一块屏幕而具备了可以根据任务而专门呈现的界面隐喻，使得它虽然从外观上十分简单，但是由于可动态变化的界面操作和功能组合，让它有无数多的隐喻属性，从而具有更多的可供性。

在一个核心上强化外延属性

可能有人会说，如果要提高可供性，不是把所有的属性都添加进来就好？比如带有橡皮的铅笔，可以做轿车也可以做越野的城市 SUV……这的确是一种非常好的思路，就是在物所可以提供的核心功能上，增加它的外延属性。

只是这种方式，可能在一些人看来并不是可供性的范畴。因为它们所支持的其实是人们的同一种行为，比如带有橡皮的铅笔还是用在写字上，SUV 还是用在出行上，它们并没有提供超越它们核心的行为。

但是，这种方式其实在产品设计中是可以工程化的。我们在设计和开发一个产品时，都会对用户的任务进行分析，从而设计出对用户简单易用的产品。如果我们在设计的过程中，增加这些核心任务的功能还可以完成的其他相关的外延任务，实际上就可以提高产品的可供性。

比如，微信的核心功能是即时通信，人们可以用它来分享文字、图片、语音、链接，而后来又有了支付、文章阅读、地点分享甚至可编程的小程序，这些就让微信的可供性比起其他即时通信应用大了很多。

　　虽然设计界中经常提专注，就连创业和投资圈都默认"一次只干一件事"是赢者的法门，导致现在出现了许许多多的应用，仅图片处理的应用就有几千个，日记笔记应用也是，它们大多数都是在某一个功能上做到了极致。但是你同样也会发现，可以容纳亿万用户的应用的可供性是更大一些的。

　　从以上两个方面来看，可供性不仅是一个可以启发创新的方法，也是让一个产品能够拥有更多受众的潜在理论。

路意｜　　独立的创新加速中心 Aura Marker Studio 创始人和 CEO，创新的手机写作应用 Zine 的产品设计师。《深泽直人》中文版译者，《第一财经》特约书评作者。曾任华为 2012 实验室消费者 UCD 中心 Leader、UXPA China 华南委员会委员、深圳市文化与创意产业协会常务董事、TEDx 演讲人，从事用户体验和创新设计工作 10 年，从事图像与视频编解码技术研究 5 年。微博：@路意 Louis

真正的计算机革命尚未开始

作者 | 叶富华

"桌面""窗口""文件夹"这些源自办公室的隐喻长期占据了人们对计算机的理解，是时候对其松绑了。

图灵奖获得者艾伦·凯（Alan Kay）在他的获奖演讲里说，真正的计算机革命尚未开始。他说这番话的时候是 1997 年，二十多年过去了，他说的很多东西依然没有实现。

我们今天依然是把计算机当成一种生产力工具，这反映在我们使用的隐喻上：我们用"桌面""窗口""文件夹"这样的隐喻来指导我们使用计算机，但所有这些都是源自办公室的隐喻。

计算机是 20 世纪 50 年代被发明出来的，现在几乎没有人会把它当成是新玩意儿，但只有很少人能够真正理解计算机跟其他东西相比，"新"在哪里。我们迄今依然还是让自己沉醉于计算机作为办公室之延伸的隐喻里不能自拔。

艾伦·凯经常说，我们老是爱追逐新闻（news），却没有去留意那些真正具有新意（new）的东西。

电脑已经不是新闻了，但它依然具有新意，只是大多数人尚未理解。

五百多年前，古登堡发明了现代印刷术之后，人们开始只是觉得这个东西可以方便和加速印刷《圣经》。直到两百多年之后，才有人意识到，可以用期刊的方式来交流学术思想，才有了英国皇家科学院院刊《自然科学会报》（*Philosophical Transactions of the Royal Sociery*）。然后再过了一百年，才有人想到，这个技术其实还可以做报纸，这是对印刷术的可供性的发掘。

印刷术的传播加上报纸的出现，读书识字变得越来越重要。再后来，汉密尔顿、麦迪逊等人在美国宪法诞生之后，在报纸上连续发文对新出炉的宪法进行评述，帮助大众知晓宪法之意义，并且最终促成美国的统一，这也是发掘和利用了报纸之可供性。

媒体研究学者珍妮特·穆瑞（Janet Murray）认为，

计算机带给我们的最大的可能性，就是利用它来进行多线程叙事。而这又得益于计算机本身具有的四种可供性：

- 程序可供性（procedural affordance）：计算机可以完美地执行人们写入其中的程序
- 空间可供性（spatial affordance）：计算机本身可以成为模拟器，模拟出各种空间结构
- 百科可供性（encyclopedic affordance）：计算机可以让人快速读写海量的信息
- 参与可供性（participatory affordance）：计算机可以让用户参与其运行

这几种可供性可以放在一个象限图里，我们使用的任何一台计算机或网络工具，都可以用这一象限图进行分析。

真正有创意的艺术家，总是能够充分利用计算机的这些可供性，创作出各种有意思的作品。他们就像几百年前的汉密尔顿一样，看到了电脑作为一种新的媒介的真正潜力。

珍妮特·穆瑞在《发明媒介》（*Inventing the Medium*）里讲了这样一个寓言：时间是 20 世纪 90 年代中期，有

• 计算机的四种可供性。

两位网页设计师查尔斯和维克多，他们都接到了生意，要给做零售的店家做网站。查尔斯的想法非常简单，就是把店家自身现有的销售传单做成电子版，直接上传到网站上，他做出来的网页是孤立的，彼此没有关联的。而维克多则是看到了互联网所带来的百科可供性，也就是说，可以在网站上陈列出来的商品数量远远大于印刷传单所能承载的信息；并且他意识到，可以做一个数据库对这些信息进行管理，从而使得用户可以自行搜索他想要的产品；而且他还意识到，网页制作的技术也在飞速发展，再过不久，完全是有可能基于客户的需求，动态生成网页。最后，查尔斯做出来的网站很快就跟不上客户需求需要重写；而维克多做的网站则深受客户喜爱。

这个故事告诉我们，假如我们能够把握电脑和网络的可供性，我们就很有可能做出一些超前的东西。

办公室桌面这个隐喻长期占据了人们对电脑的理解，现在也是时候对其松绑了。而假如电脑不是作为生产力工具（也就是说，用电脑不是为了解决问题），它可以是什么？

人机交互领域的专家比尔·盖弗（Bill Gaver）最近十多年开始提倡"游戏化设计"（ludic design），他认为电脑可以帮助我们成为"游戏的人"。假如我们要抛弃办公室桌面的隐喻，该拥抱的，也许就是游戏的隐喻。

比尔·盖弗设计了多个概念产品，均旨在诱发人去思考，我们是不是可以在游戏的过程中重新理解我们自己，以及重新理解这个世界。

这些作品都充分用到了电脑的可供性，并且都有很强的互动效果，由此我们看到了电脑的另外一种可能。

所有伟大的革新刚诞生的时候都是以玩具的形态出

- 这不是一张普通的桌子，而是由比尔·盖弗设计的"漂移桌"（Drift Table）。桌面上有一个屏幕，透过屏幕可以看到英国的航拍图，图片会聚焦在某个小镇上，可以挪动桌子来改变观看的视角。你可以和家人或朋友围坐在桌子旁边，大家一边欣赏一边感受"上帝视角"之妙。

现的。2016 年 7 月，手机游戏 Pokémon GO 刚推出即风靡全球。显然 Pokémon GO 的创作团队很懂得利用手机（也是计算机的一种）的可供性，并且利用得非常彻底。我们在玩这个游戏之余，是不是也可以想一想，它到底是如何应用了可供性的原理？它除了好玩，还告诉了我们什么？

执行策划：

不知知（自动贩卖机，买下全宇宙）

Lobby（大人的玩具：从乐高积木帝国说起）

傅丰元（可供性：隐藏在设计背后的力量）

不知知（无用的艺术）

傅丰元（硅谷造城记）

微信公众号：离线（theoffline）

微博：@离线offline

知乎：离线

网站：the-offline.com

联系我们：AI@the-offline.com